花草植物
打造 懸・掛・式 小花園
吊鉢繩結設計

U0052286

Step by Step
MACRAME HANGING
ALL HANDMADE

主婦の友社◎授權

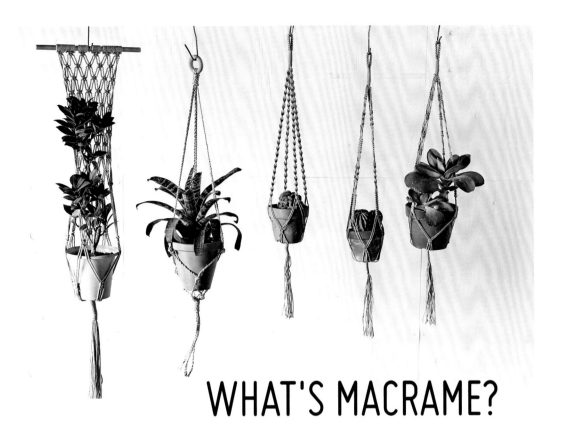

WHAT'S MACRAME?

MACRAME意指「繩狀物打結」的技法。
是由阿拉伯語中「交叉打結」之意的MIGRAMA變化而來。

將「繩狀物打結」自古流傳至今的生活智慧，
經過長時間變化再加上精巧的技術，
讓單純的結目進化到線和面的設計繩結。

工具材料只需要繩子，不用特別道具就能輕鬆製作，
而廣受手作族的喜愛。

本書介紹使用繩結作為植物裝飾的「編織掛繩」法。

從左而右
ARRANGE03七寶吊缽|
搭配吊缽的植物
榕屬 'Baby leaf ' Ficus spp.'
Baby leaf ' |
P.74-75

No.02 簡易吊缽|
搭配吊缽的植物
金手指 Vrieseafosteriana |
P.25‧P.28-29

No.11 Spiral mini 吊缽|
搭配吊缽的植物
金手指 Mammillaria elongatae |
P.46-47

No.14 mix mini 吊缽|
搭配吊缽的植物
大豪丸 Echinopsis subdenudenudate |
P.52-53

No.13 switching mini 吊缽|
搭配吊缽的植物
唐印 kalanchoe thyrsiflora |
P.50-51

CONTENTS

本書所介紹的27件吊缽

No.01至No.22·ARRANGE01至ARRANGE05
合計27件作品，依繩結打法和製作時間設定難易度。
最簡單的是1顆★，隨著★數量增加，難易度也隨之提高。
繩結初學者請試著從簡單的作品開始挑戰吧！

№ **01**

單結吊缽
★

№ **02**

簡易吊缽
★

№ **03**

螺旋流線吊缽
★

№ **04**

螺旋珠飾吊缽
★

№ **05**

螺旋吊缽
★★

№ **06**

平繩吊缽
★★

№ **07**

平繩流線吊缽
★★

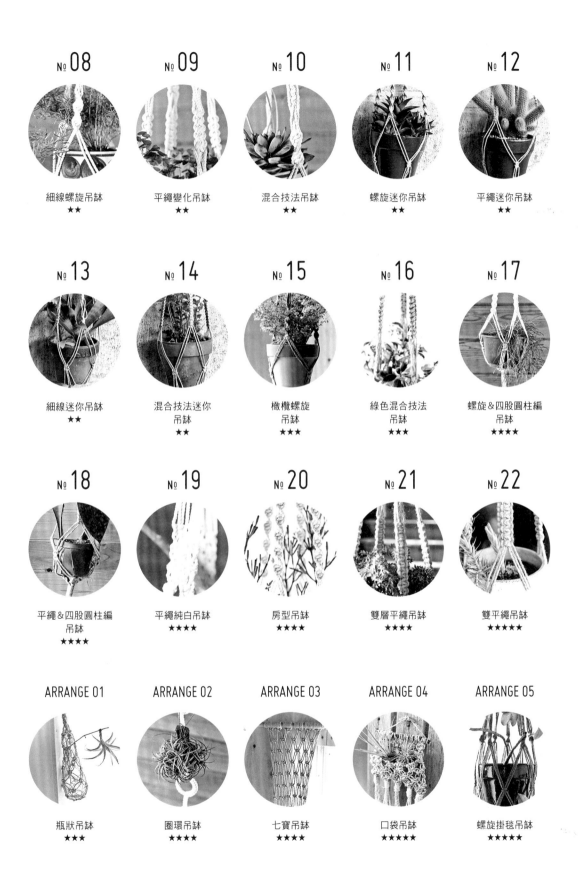

№ 08
細線螺旋吊缽
★★

№ 09
平繩變化吊缽
★★

№ 10
混合技法吊缽
★★

№ 11
螺旋迷你吊缽
★★

№ 12
平繩迷你吊缽
★★

№ 13
細線迷你吊缽
★★

№ 14
混合技法迷你
吊缽
★★

№ 15
橄欖螺旋
吊缽
★★★

№ 16
綠色混合技法
吊缽
★★★

№ 17
螺旋&四股圓柱編
吊缽
★★★★

№ 18
平繩&四股圓柱編
吊缽
★★★★

№ 19
平繩純白吊缽
★★★★

№ 20
房型吊缽
★★★★

№ 21
雙層平繩吊缽
★★★★

№ 22
雙平繩吊缽
★★★★★

ARRANGE 01
瓶狀吊缽
★★★

ARRANGE 02
圈環吊缽
★★★★

ARRANGE 03
七寶吊缽
★★★★

ARRANGE 04
口袋吊缽
★★★★★

ARRANGE 05
螺旋掛毯吊缽
★★★★★

左／No.07 平繩流線吊缽｜
搭配吊缽的植物
Neoregelia dungsiana

中／No.05 螺旋吊缽｜
搭配吊缽的植物
翡翠木 'Blue bird'
Crassula ovata 'Blue bird'

右／No.03 螺旋流線吊缽｜
搭配吊缽的植物
鋪地柏 'NaNa'
Juniperus procumbens 'NaNa'

➜ P.38-39   ➜ P.34-35   ➜ P.30-31

USE EXAMPLE OF THE MACRAME HANGING

繩結吊缽的美麗場景

埋首於照顧植物的悠閒假日裡，
檢查植物的狀況，並分類整理，
再放到和植物相配的手作繩結吊缽中，
掛起一株株綠意與美好。

將喜歡的植物
放進吊缽中
懸掛起來。

簡單展示
就能讓日常風景
擁有特別的韻味。

No.01 單結吊缽│
搭配吊缽的植物
孔雀扇 Gasteria acinacifolia

➡ P.24 P.26-27

No.06 平繩吊缽│
搭配吊缽的植物
松風 Rhipsails capilliformis

➡ P.36-37

No.04 螺旋珠飾吊缽│
搭配吊缽的植物
虎尾蘭 'Samurai'
Sansevieria spp. 'Samurai'

➡ P.32-33

左／ARRANGE0.5 螺旋掛毯吊缽｜
搭配吊缽的植物
熊掌木 Fatshedera lizei

➡ P.78-79

右／No.15 橄欖螺旋吊缽｜
搭配吊缽的植物
飄逸鐵線蕨 Adiantum raddianum
'Fritz Luth'

➡ P.54-55

左／No.18
平繩＆四股圓柱編吊缽｜
搭配吊缽的植物
虎尾蘭 Sansevieria massoniana

➡ P.60-61

中／No.21
雙層平繩吊缽｜
搭配吊缽的植物 腎蕨（獅子葉）
Nephrolepis

➡ P.66-67

右／No.17
螺旋＆四股圓柱編吊缽｜
搭配吊缽的植物 斷葉球蘭
Hoya retusa

➡ P.58-59

葉片形狀、枝梗姿態
和藤蔓的伸展……
繩結吊缽能將
植物的特徵凸顯出來。

和「擺放」不同，
以「懸掛」來展現
別具風情的
植物特性。

No.17 螺旋&四股圓
柱編吊缽｜搭配吊缽的
植物 斷葉球蘭
Hoya retusa
➡ P.58-59

左／No.17 螺旋&四股
圓柱編吊缽｜搭配吊缽的
植物 斷葉球蘭
Hoya retusa
➡ P.58-59

右／No.21 雙唇平繩吊
缽｜搭配吊缽的植物 腎蕨
（獅子葉）
Nephrolepis
➡ P.66-67

THE KNOT

以下統整本書所登場的繩結打法。
各作品的作法頁所指定的打法,
皆可參考此頁製作。

結繩法

STYLE 1

◇◇◇◇◇

收繩結

STYLE 2

◇◇◇◇◇

固定結

STYLE 3

◇◇◇◇◇

單結

STYLE 4

◇◇◇◇◇

單繩平結

STYLE 5

◇◇◇◇◇

三股編

※雖然「平結」分為「左上平結」和「右上平結」;旋轉
　結分為「左上旋轉結」和「右上旋轉結」,但作品中只
　使用了「左上」的打結法製作,簡稱為平結。

STYLE 6

右斜捲結

STYLE 7

左斜捲結

STYLE 8

旋轉結

STYLE 9

平結

STYLE 10

四股圓柱編

STYLE 11

七寶結

參考影片！

這11種打法公開在YOUTUBE。
請參考影片中的手勢。
※影片解說為日文。
http://natural-life.shufunotomo.co.jp/book/?p=6635

收繩結

在繩結起頭和支撐花缽部分使用收繩法。
作法是將幾條繩子整理在一起，緊密纏繞。

〈FORM〉

整理用

A

B

完成尺寸+1cm
的長度

C

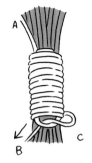

A

B

C

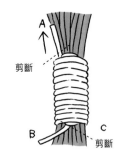

A

剪斷

B

C

剪斷

1.

在整理成束的繩子內側，將收
繩用繩子彎成圈狀重疊放上。
收繩用繩子的B側從上往下無空
隙地緊密纏繞。

2.

捲繞完成需要的尺寸後，下端
的圈圈穿過B側的繩子。

3.

B側保持無鬆弛狀態下，邊拉A
側的繩子將下端的圈圈拉進捲
繞的繩子中。在捲繞的繩子邊
緣剪斷A·B的繩子。

固定結

整理兩條以上繩子時，
想讓結目看起來不顯眼時使用。

〈FORM〉

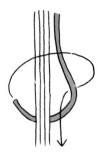

1.

將想要整理的繩子當作中心
繩，按照前頭將繩子繞一圈。

2.

纏繞的繩子兩端確實拉緊。

3.

完成的樣子。
即使繩子條數增加，結目也不
會變大。

| STYLE 3 | 單結 | 〈FORM〉 |

單結

將幾條繩子整理成一個時使用。
以單結也可以作出袋狀。

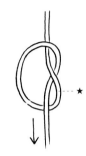

1.

繩子尾端依箭頭標示繞圈，穿過繩子。

2.

按住想要打結目的位置（★），確實拉緊繩子尾端。

3.

完成的樣子。

| STYLE 4 | 單繩平結 | 〈FORM〉 |

單繩平結

也叫作「真結」，特色是不容易鬆開。
繩子相互連接，尾端和尾端打結作成圈圈。

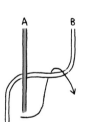

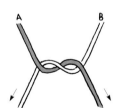

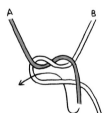

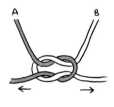

1.

A繩放在B繩上，依箭頭方向繞線。

2.

往箭頭方向拉緊。

3.

A繩放在B繩上，依箭頭方向繞線。

4.

A繩和B繩以均等力量拉緊。

三股編

將分成三等分的繩子交錯編織，作成一束時使用。
是日常生活中常常使用的編法。

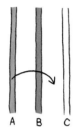

1.

A跨過B，穿到B和C之間。

2.

C跨過A，穿到A和B之間。

3.

B跨過C，穿到A和C之間。

4.

同步驟1至3，重複將外側的繩子穿到內側。不時輕輕拉緊就能編織出漂亮的編目。

右斜捲結

在右側打結目，左邊放中心繩。
在圈環作包覆時使用。

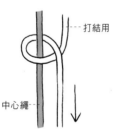

打結用

中心繩

1.

打結用繩子從上往下捲繞在中心繩上，拉緊。

2.

打結用繩子從下往上捲繞在中心繩上，繩子尾端穿過圈圈後拉緊。

3.

完成一次右斜捲結的樣子。

4.

重複步驟1至3打結。結目間不要有空隙。

STYLE 7

左斜捲結

在左側打結目,右邊放中心繩。
在圈環作包覆時使用。

〈FORM〉

打結用

中心繩

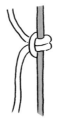

1.
打結用繩子從上往下捲繞在中心繩上,拉緊。

2.
打結用繩子從下往上捲繞在中心繩上,繩子尾端穿過圈圈後拉緊。

3.
完成一次左斜捲結的樣子。

4.
重複步驟1至3打結。結目間不要有空隙。

STYLE 8

旋轉結

將繩子綁在中心繩上的打法之一。
打結用繩子持續同一方向在中心繩上打結,就會自然旋轉。

〈FORM〉

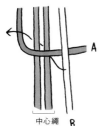

中心繩

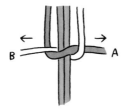

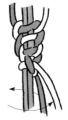

1.
A繩彎摺放在中心繩上,穿過打結用B繩下方。B繩穿過中心繩的下方後從左邊的圈穿出來。

2.
左右拉緊。完成一次旋轉結的樣子。

3.
重複步驟1至2。

4.
結目會自然地左右旋轉。旋轉半圈後,結目往上壓緊。約5次會轉半圈。

STYLE 9

平結

是一種在中心繩打結的結繩法。
將打結用的繩子在中心繩交錯打結，作出平坦結目。

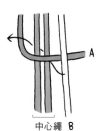

中心繩 B

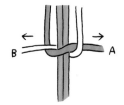

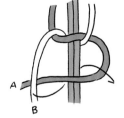

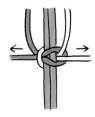

1.
將A的打結用繩子彎摺在中心繩上，穿過B繩下方。B繩由中心繩下方穿過，從左邊的圈穿出來。

2.
左右拉緊，完成0.5次的平結。

3.
和1對稱打結。將A的打結用繩子彎摺在中心繩上，穿過B繩下方。B繩由中心繩下方穿過，從右邊的圈穿出。

4.
左右拉緊。完成一次平結。若要連續打結，可重複步驟1至3，打結幾次後，將結目推上去擠在一起。

STYLE 10

四股圓柱編

4條繩子依序往同一方向打結。
田字狀的結目重疊幾個後就會成1條圓柱狀。

1.
整理成一束的4條繩子攤開成十字。

2.
A繩彎摺放在B繩上。

3.
B繩彎摺放在A和C繩上。C繩摺彎放在B和D繩上。

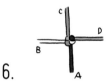

4.
D繩放在C和A繩上，繩子尾端穿過A繩的圈圈。

5.
4條繩子平均拉緊。這時A和C對B和D來拉就能作出漂亮的結目。

6.
完成1次四股圓柱編的樣子。之後再重複步驟2至5。

七寶結

上下段結目的位置錯開，作出面和圈的繩結結法。
依打結用間隔的排列方法和次數，會有著不同的風貌。

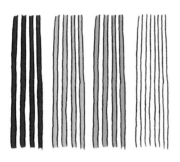

1.

準備幾套4條1組的繩子。

打結用　打結用

中心繩

2.

一開始的第1段，將各組內側的兩條
當作中心繩打「一次平結」（依作品
次數不同）。接著再將各自的結目的
相鄰的繩子當作中心繩，在兩側各一
條作打結用。

※P.78-79登場的「旋轉結」亦同。

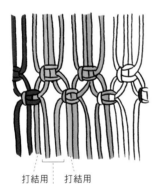

打結用　打結用

中心繩

3.

第2段「一次平結」完成的樣子。和
第1段的結目錯開，再將各自的結目
的相鄰的繩子當作中心繩，兩側繩子
作打結用。

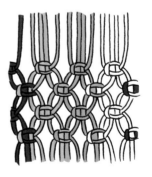

4.

重複步驟2至3。每段不留間隔就能
完成牢固的作品，若是留下間隔來打
結就能表現出穿透感。

INTRODUCTION

作法技巧 & 重點解說

統整 P.24 後要介紹的 27 款吊缽的
打法技巧和重點解說。

※範例為清楚標示，變換繩子的顏色以利說明。

【關於材料·道具】

不需要特別道具，就能夠輕鬆嘗試的繩結，雖然說繩子用哪一種都無妨，但還是使用專用繩子，較容易打結，作出漂亮成品。

〈材料〉

繩子

有著自然感的黃麻繩和麻線，及柔軟容易打結的macrame專用繩。可於材料行購買。

圈環等配件

鉤掛部分的金屬環和珠飾·牛鈴等的裝飾品。可於網站購買。

〈道具〉

S形鉤

繩子打結和吊掛完成作品時使用。

紙膠帶

暫時固定時使用。分別在繩子尾端貼上不同顏色的膠帶，可清楚區分中心繩、打結用繩子，作業起來也較為容易。

透明膠帶

裁切繩子尺寸時用。從貼透明膠帶的中心來剪開，可防止繩子尾端綻線。

剪刀

剪繩子使用。
請選擇順手好剪的剪刀。

厚紙

結目作間隔打結時使用。
可當作紙形，選擇越硬越佳。

捲尺和直尺

測量繩子的長度和結目的間隔時使用。
備妥兩種較為方便。

噴霧器

使用「Kenya rope」時，若繩子太硬不易打結，可以噴霧器噴濕讓繩子變軟會容易打結。

【結繩的姿勢】

訣竅在於將繩子固定後再製作。吊缽製作使用的是長繩，需要一定程度的作業空間。從上方固定吊掛即使小空間也能安心製作。

掛鉤起頭在桌上完成後，懸掛起來打繩結較方便容易。掛在有S形鉤的杆子上或利用牆壁掛鉤。若無法從上方吊掛時，可掛在椅背或門把上來進行結繩。

---

❹【流蘇的變化款】

繩子使用扭轉撚製的素材時，將撚繩鬆開，就能作出有分量感流蘇。製作和植物相搭配的流蘇吧！

1.

製作前的樣子。

2.

將扭轉撚製的繩子反向鬆開的狀態。

【結繩前的注意事項】

掛鉤部分有使用「金屬環」和以「平結」製作掛環等兩種作法。作成面狀時，也有一般的繩子的接法和以「捲結」製作等兩種作法。

---

❺ 使用金屬圈環時

除了金屬環之外，還有木製和塑膠製等素材，就以環狀配件開始製作吧！

正中間

1. 準備數量充足的繩子（此處使用8條）。繩長的正中間對摺，鉤掛在金屬環上。

2. 圈環的邊緣以其他繩子打「收繩結」P.14，將繩子整理成束。

3. 依照指定的繩結打法，分成中心繩和打結用繩，將繩子作分組（圖為4組）。

❻以平結製作掛環

沒有圈環素材或想要作出具一致性的吊籃時，掛環也可以繩結製作。

1.
準備需要數量的繩子（這裡使用8條）。繩子從正中間整齊後打「單結」P.15後，綁成一束。

2.
以內側的繩子作為中心繩（這裡為4條），外側的繩子作打結用繩（這裡為左右各1條），打需要尺寸長度的「平結」P.18（繩子的功用依作品不同）。

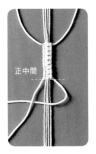

3.
鬆開步驟1的結目，上下顛倒後再打出需要長度的「平結」。最一開始的結目從0.5次的「平結」（P.18平結的步驟3開始）。

4.
平結吊環完成的樣子。

5.
從正中間對摺，在結目邊打「收繩結」（P.14）。

---

❹一般的繩子接法

1.
在中心繩或小樹枝等材料前，放上對摺當作綁用的繩子，繩端穿過圈圈中間。

2.
從下方將繩端拉緊。

3.
接好一條繩的樣子。重複1至3的步驟打上需要的數量。

❺以「捲結」的接法

1.
一般的繩子接法的步驟1至3，繩端從中心繩的前方往後繞。

2.
從下方將繩端拉緊。

3.
接好一條繩的樣子。重複1至3的步驟打上需要的數量。

---

❻【在圈環打上繩子的方法】

作品製作中，圈環加上繩子時，應用上面介紹的「捲結」接法。No.20的「房形吊缽」的作法。

1. 將綁接的繩子從圈環中往外繞一圈。繩端要在捲繞的繩子的左側。

2. 以一條繩子繞一圈的樣子。拉緊繩子。

3. 同一條和步驟1一樣，繞一圈。

4. 一條繩子繞兩圈圈環的樣子。拉緊繩子。

5. 打好一條後，重複步驟1至4打上所需的數量。

ⓖ【串珠的方法】 串入珠子作重點點綴。
本書使用到串珠的繩結只有No.04「螺旋珠飾吊缽」，但只要學會結繩串珠，不管哪個作品皆可加上珠子，請依喜好製作變化款吧！

1. 此處的指定結法為「旋轉結」(P.17)，以中心繩穿過珠珠。

2. 以打結用繩嵌柱珠珠，打指定繩結。

3. 將結目打在珠珠下方。繼續重複打結。

ⓗ【從平面作成筒狀的方法】 吊缽要放花缽，需要幾條繩子的線條作成筒狀，但是只要用將每一段的結目位置錯開，打成面狀的「七寶結」，就能簡單完成筒狀。

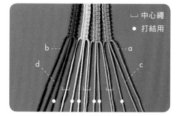

— 中心繩
● 打結用

1. 打指定的繩結(此處為「平結」P.18)，將各自的結目相鄰的兩條繩子當作中心繩，兩側各一條作打結用，分成4條1組。

2. 想要隔開的間隔插進剪好的厚紙板。並在中心繩上放厚紙板。

3. 夾著厚紙板的狀態，打指定繩結(此處為「2次平結」的「七寶結」P.19)。

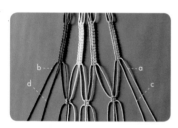
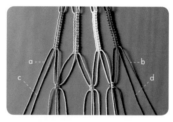
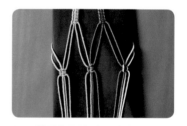

4. 拆開厚紙板。完成一段「2次平結」的「七寶結」的樣子。

5. 整體翻到反面。※為了打成圈時，結目都在正面。a和b作中心繩，c和d作打結用，打「2次七寶結」。

6. (為了容易了解結目，夾著厚紙板)打結完成的狀態。

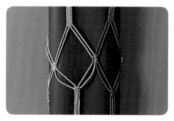

7. (中間的紙板拆掉後的樣子)這裡成筒狀的樣子。

8. 第2段也一樣以筒狀的狀態打「2次平結」的「七寶結」。

9. 4組繩子收在一起以「收繩結」(P.14)，整理成束。

❶【結目作出間隔的方法】

作出間隔能夠表現出穿透感,還有也能縮短繩子的長度還有製作時間。為了作出均等的間隔,有當作基準用的厚紙板會很方便。

1. 指定數量的結目(此處打「平結」P.18)下方,插進想要隔開的間隔寬的厚紙板。中心繩下方放厚紙板,中心繩和打結用繩如同圖所示,外側、內側調換。

2. 夾著厚紙板狀態下,外側繩子作打結用,再次打指定繩結(此處打「平結」)。

3. 拆掉厚紙板。中心繩和打結用繩交替進行。

---

❶【兩側的中心繩 交換打七寶結】

打七寶結時,因為結目位置錯開來打結,繩子會有多餘的長度,是兩側的繩子的處理方法的一種。

1. 2組繩子打指定繩結(此處打「平結」P.18)。

2. 在將結目相鄰的兩條繩子當作中心繩,兩側各一條作打結用,打「七寶結」(P.19)。

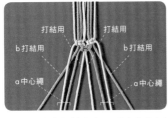

3. A繩在上方和b繩交叉,左右各分出4條後,分別分出中心繩和打結用繩。

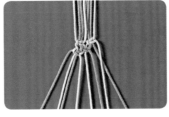

4. 左邊的4條繩子打指定繩結(此處打「平結」P.18)。

5. 右邊的4條繩子也一樣打指定繩結(此處打「平結」P.18)。

---

❶【加繩的作法】

主體外再加新繩,表現出分量感的技巧。

1. 將4條繩子放正中間,再取4條繩打「單結」(P.15),和體用繩,各分類2條中心繩和打結用繩。

2. 左側的繩組打指定繩結(此處打「旋轉結」P.17)。

3. 右側的繩組也同樣打結。

LET'S TRY!

在挑戰各種打結方式作的繩結吊缽前，
可先練習收拾繩子頭尾的簡單打結法，製作簡易吊缽。

右／仙人掌（團扇）
Opuntia

左／仙女之舞
Kalanchoe beharensis.

使用花缽 左／izwa pot M（綠）

the first step!!

A

B

Nº01

單結吊缽

將相鄰的繩子打結即可完成

難易度｜★
花缽尺寸｜2至3號
技法｜單結・單繩平結
作法｜P.26至P.27

№ 02

簡易吊缽

◇◇◇◇◇◇◇◇◇

將支撐花缽的點位打結
製作而成的簡易吊缽

難易度｜★
花缽尺寸｜5至6號
技法｜收繩・單結
作法｜P.28至P.29

鶯歌鳳梨
Vriesea fosteriana

➡ 製作流程參照P.26至P.29

HOW TO MAKE
Overhand Knot Hanging 編

只用「單結」和「平結」作成的吊缽。
從當作缽底部分開始打結成放射狀。

單結吊缽

作品：P.24　製作時間：20分鐘

從掛鉤到底缽的長度：(A)約50cm、(B)約35cm

材料：
(A) marchen outdoor code (1634/sand kamo) 150cm×4條 (a·b)
(B) marchen outdoor code (1635/army kamo) 120cm×4條 (a·b)

※ 範例為清楚標示，變換繩子的顏色以利說明。

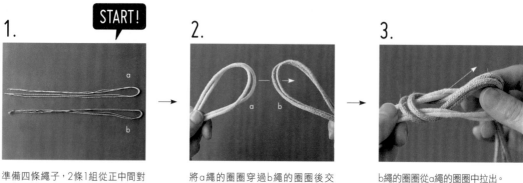

1. START!

準備四條繩子，2條1組從正中間對摺。

2.

將a繩的圈圈穿過b繩的圈圈後交叉。

3.

b繩的圈圈從a繩的圈圈中拉出。

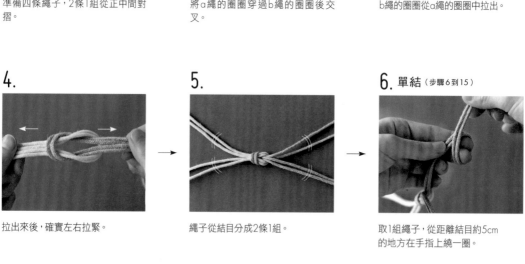

4.

拉出來後，確實左右拉緊。

5.

繩子從結目分成2條1組。

6. 單結（步驟6到15）

取1組繩子，從距離結目約5cm的地方在手指上繞一圈。

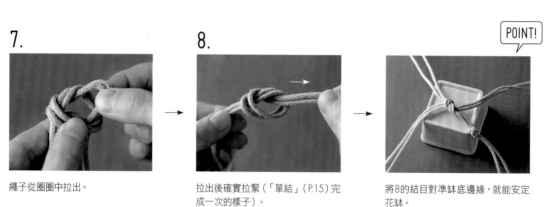

7.

繩子從圈圈中拉出。

8.

拉出後確實拉緊（「單結」(P.15)完成一次的樣子）。

POINT!

將8的結目對準缽底邊緣，就能安定花缽。

9.

剩下的3組繩子也重複步驟6到8的
作法。

10.

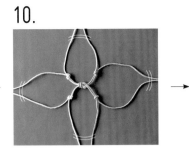

相鄰結目的繩子再分成4組。

11.

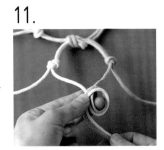

其中一組的繩子在支撐花缽側面的
位置打單結。

12.

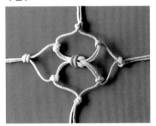

剩下3組也同樣完成單結的樣子。

13.

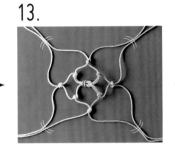

相鄰的繩子再分成4組,打單結。

14.

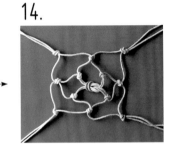

4組繩子完成單結的樣子。

15.

往內側摺,4條繩子當作一組。

16. 平結

步驟15的繩子尾端打「平結」
(P.15),作出能掛在掛鉤上的把
手。

FINISH!

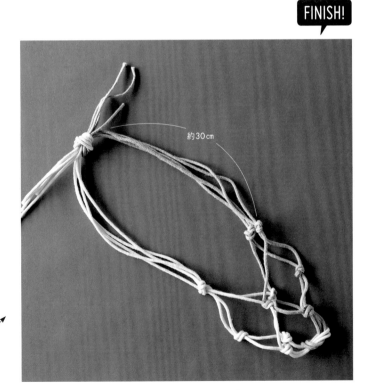

約30cm

完成。由於4點支撐缽底,就算是四方形的花缽也能確實放入。

HOW TO MAKE
Simple Hanging 編

能夠表現出繩子直線的線條美的吊缽。
請配合花缽的尺寸來打結目。

簡易吊缽

作品：P.25　製作時間：20分鐘

從掛鈎到底缽的長度、的長度：約60cm

材料：natural filber kenya rope（1186）
　　　主體用160cmx3條（a·b·c）
　　　收繩用50cmx2條（d·e）
　　　木環（MA2260）x1個

※ 範例為清楚標示，變換繩子的顏色以利說明。

---

1. START!

準備主體用的繩子（a·b·c）、收繩用的繩子（d·e）及木環。

2.

將a·b·c的繩子穿過木環。木環置於繩子的中間點。

3. 收繩（步驟3至7）

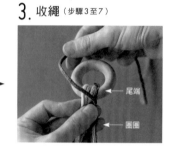

在木環下方捲繞d繩。對摺後將圈圈朝下，上端留下少許線頭開始捲繞。

4.

往右沒有空隙地確實繞緊，從上往下捲繞4cm左右，將繩子尾端穿過圈圈，拉拔。

5.

將步驟3稍微留下的繩子末端往上拉，圈圈就會變小。

6. POINT!

圈圈完全拉至捲繞部分內。

6.

拉拔至圈圈完全看不見。

7.

剪去多餘的繩子。

8. 單結（步驟8至15）

收繩（P.14）後的a·b·c繩兩條一組，其中一組在花缽側面打「單結」（P.15）。

9.

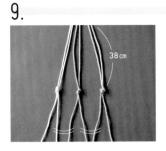

剩下的2組也一樣間隔38cm打「單結」,將各自結目的相鄰繩子作成對。

10.

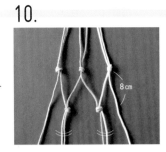

同步驟8在花缽側面的位置(空38cm),將步驟9配成對的繩子打「單結」。

11.

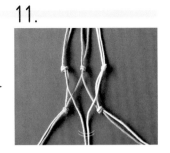

兩端的a和c繩作成對,打「單結」。

12.

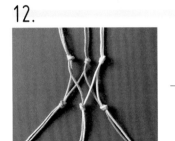

「單結」打第2段完成的樣子。

13.

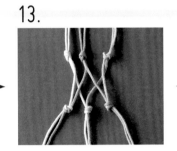

整個翻到反面。

14.

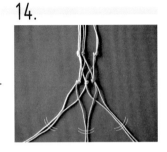

2條B繩擺正中間,a和c各2條繩子分兩側,作出3組。

15.

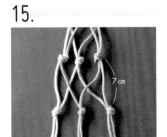

各空7cm打「單結」。

16. 收繩結

使用e繩在步驟15結目的下方打「收繩結」。

FINISH!

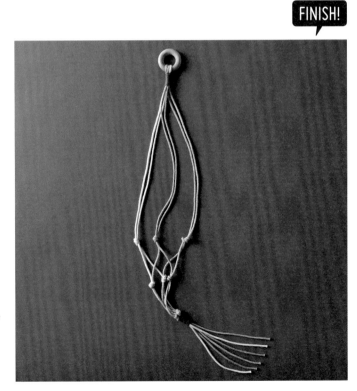

完成。因為使用了3組繩子支撐,可以好好地收納圓柱形的花缽。

№03

螺旋流線吊缽

◇◇◇◇◇◇◇◇◇

短時間就能完成
的少結目吊缽。

難易度｜★
花缽尺寸｜5至6號
技法｜收繩結‧旋轉結‧七寶結

鋪地柏
Juniperus procumbens 'Nana'

使用花缽 Trape pot 柚子肌黑釉

HOW TO MAKE

START

① 1
5 cm
② 2
POINT ③ 3
15 cm
④ 4
15次
(約5cm)
⑤ 5
15 cm
⑥ 6
15次
(約5cm)
12 cm
⑦ 7
10 cm
⑧ 8
5 cm
⑨ 9
30 cm
⑩ 10

POINT：繩子的排列方法

打結用　打結用
中心繩

※ 圖中的「～」省略了結目和尺寸。

螺旋流線吊缽

製作時間：
100分鐘

從掛鉤到底缽的長度：
約75cm

材料：
壓克力線4×4（403／黑色）
│270cm×8條
│100cm×2條…收繩用
金屬環內徑5cm
（MA2307）1個

STEP

1. 條繩子從正中間對摺，穿過金屬環。
※參照P.20 **B**

2. 以收繩用繩子打5cm「收繩結」（P.14）。

3. 2條中心繩和2條打結用繩
分作4條1組（能分出4組）。

4. 其中1組以15cm間隔
打15次「旋轉結」（P.17）。

5. 交換中心繩以15cm間隔，打15次「旋轉結」。
※參照P.23 **I**

6. 剩下3組也同樣作法重複步驟④至⑤。

7. 以12cm的間隔，作「平結」2次的「七寶結」（P.19）。
※參照P.22 **H**

8. 以10cm的間隔，
作「平結」2次的「七寶結」。

9. 以收繩用繩子打5cm「收繩結」。

10. 多餘繩子剪齊成30cm長。

螺旋珠飾吊缽

旋轉結目裝飾上
同色系的串珠

難易度│★
花缽尺寸│5至7號
技法│收繩結・旋轉結・七寶結

虎尾蘭downsii
Sansevieria downsii

HOW TO MAKE

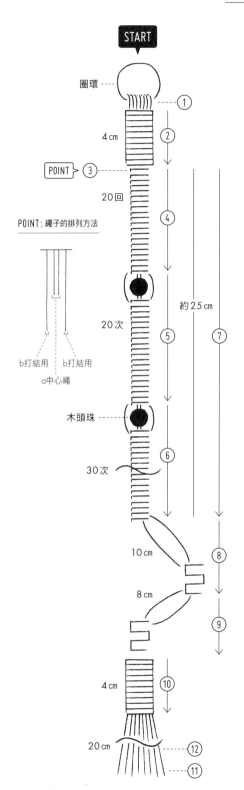

START

圈環 —— ①

4 cm ②

POINT ③

20 回

④

POINT: 繩子的排列方法

b打結用　b打結用
a中心繩

約25cm

20次

⑤ ⑦

木頭珠 —— ⑥

30次

10 cm

⑧

8 cm

⑨

4 cm ⑩

20 cm ⑫
⑪

※ 圖中的「～」省略了結目和尺寸。

螺旋珠飾吊鉢

製作時間：
100分鐘

從掛鈎到底鉢的長度：
約53cm

材料：
棉繩・Soft 3（287／綠色）
｜ 250cm×3條…a
｜ 450cm×3條…b
｜ 80cm×2條…收繩用
木珠（MA2213／綠色）6個
金屬環內徑5cm
（MA2307）1個

STEP

1. a和b繩6條從正中間對摺，穿過金屬環。
※參照P.20 **B**

2. 以收繩用繩子打5cm「收繩結」（P.14）。

3. 1條中心繩（a）繩和2條打結用（b）繩分作4條1組
（能分出3組）。

4. 其中1組打20次「旋轉結」（P.17）。

5. 2條中心繩穿過串珠後，打20次「旋轉結」。
※參照P.22 **G**

6. 2條中心繩穿過串珠後，
打30次「旋轉結」。

7. 剩下2組也一樣重複步驟④至⑥。

8. 以10cm的間隔，作「平結」2次的「七寶結」（P.19）。
※參照P.22 **H**

9. 8cm的間隔，作「平結」2次的「七寶結」。

10. 以收繩用繩子打5cm「收繩結」。

11. 多餘繩子剪齊成20cm長。

12. 撚繩鬆回成線。
※參照P.20 **A**

№05

螺旋吊缽

◇◇◇◇◇◇◇◇◇

反向打結就會自然旋轉。

難易度｜★★
花缽尺寸｜6至8號
技法｜收繩結・旋轉結・七寶結

膨珊瑚
Euphorbia oncoclada

使用花缽｜Deep pot 發泡白

HOW TO MAKE

START

①

5 cm
②

POINT ③

POINT：繩子的排列方法

b打結用　b打結用

a中心繩

④ ⑤

50 cm
（約130次）

12 cm

⑥

10 cm

⑦

5 cm

⑧

20 cm

⑩

⑨

※ 圖中的「～」省略了結目和尺寸。

螺旋吊缽

製作時間：
150分鐘

從掛鈎到底缽的長度：
約85cm

材料：
棉繩・Soft 3（291/黑色）
　260cm×3條…a
　600cm×3條…b
　80cm×2條…收繩用
金屬環內徑5cm
（MA2307）1個

STEP

1. a和b繩6條從正中間對摺，穿過金屬環。
※參照P.20 **B**

2. 以收繩用繩子打5cm「收繩結」（P.14）。

3. 2條中心繩（a）繩和2條打結用（b）繩
分作4條1組（能分出3組）。

4. 其中1組打50cm「旋轉結」（P.17）（約130次）。

5. 剩下2組也以同樣作法重複步驟④。

6. 以12cm的間隔，作「平結」2次的「七寶結」（P.19）。
※參照P.22 **H**

7. 10cm的間隔，作「平結」2次的「七寶結」。

8. 以收繩用繩子打5cm「收繩結」。

9. 多餘繩子剪齊成20cm長。

10. 撚繩鬆回成線。
※參照P.20 **A**

平繩吊缽

◦◦◦◦◦◦◦◦◦

使用能襯出綠意的
原色棉繩。

難易度 | ★★
花缽尺寸 | 6至8號
技法 | 收繩結・平結・七寶結

松風
Rhipsalis capilliformis

使用花缽 | Marble pot

HOW TO MAKE

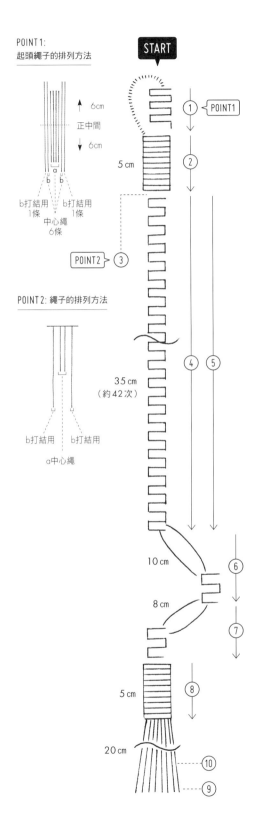

POINT 1:
起頭繩子的排列方法

↑ 6cm
正中間
↓ 6cm

b打結用
1條　　b打結用
1條
中心繩
6條

START

① ← POINT1

5cm　②

POINT2 ← ③

POINT 2: 繩子的排列方法

b打結用　b打結用

a中心繩

35cm
（約42次）

④　⑤

10cm　⑥

8cm　⑦

5cm　⑧

20cm　⑩
⑨

※ 圖中的「～」省略了結目和尺寸。

平繩吊缽

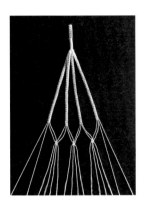

製作時間：
180分鐘

從掛鉤到底缽的長度：
約65cm

材料：
棉繩・soft 3
（271/原色）
260cm×4條…a
480cm×4條…b
100cm×2條…收繩用

STEP

1. a和b繩8條從正中間整齊，左右的b繩各1條作打結用，面對兩邊各自打6cm「平結」（P.18）。
※參照P.21 **C**

2. 將步驟①對摺，以收繩用繩子1條打5cm「收繩結」（P.14）。

3. 分出中心繩（a）2條、打結用（b）2條的4條1組（能分出4組）。

4. 其中1組打35cm「平結」（約42次）。

5. 其餘3組也一樣重複步驟④。

6. 以10cm間隔打「平結」2次的「七寶結」（P.19）。
※參照P.22 **H**

7. 8cm間隔打「平結」2次的「七寶結」。

8. 收繩用繩子1條打5cm「收繩結」。

9. 多餘的繩子剪齊成20cm長。

10. 撚繩鬆回成線。
※參照P.20 **A**

平繩流線吊缽

細壓克力繩容易打結，
即使髒了也能洗滌！

難易度｜★★
花缽尺寸｜5至6號
技法｜收繩結・平結・七寶結

積水鳳梨
Neoregelia dungsiana

使用花缽｜izawa pot L 馱温

HOW TO MAKE

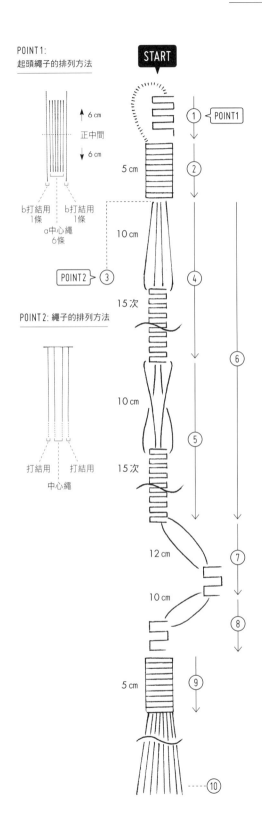

POINT 1:
起頭繩子的排列方法

↕ 6 cm
正中間
↕ 6 cm

b打結用 b打結用
1條   1條
a中心繩
6條

POINT 2

POINT 2: 繩子的排列方法

打結用 打結用
中心繩

START

① ← POINT 1

5 cm ②

10 cm

POINT 2 ③

④

15次

10 cm

⑤

15次

12 cm

⑥

⑦

10 cm

⑧

5 cm

⑨

⑩

※ 圖中的「〜」省略了結目和尺寸。

平繩流線吊缽

製作時間：
150分鐘

從掛鈎到底缽的長度：
約75cm

材料：
壓克力線 4×4（402／白色）
　300cm×6條 … a
　360cm×2條 … b
　100cm×2條 … 收繩用

STEP

1. a和b繩8條從正中間整齊，
面對兩邊各自打6cm「平結」（P.18）。※參照P.21 **ⓒ**

2. 將步驟①對摺，
以收繩用繩子1條打5cm「收繩結」（P.14）。

3. 分出中心繩2條、
打結用2條的4條1組（能分出3組）。

4. 其中1組以10cm間隔打15次「平結」。

5. 交換中心繩以10cm間隔，打15次「平結」（P.17）。
※參照P.23 **❶**

6. 其餘3組也相同的重複步驟④至⑤。

7. 以12cm間隔打「平結」2次的「七寶結」（P.19）。
※參照P.22 **ⓗ**

8. 10cm間隔打「平結」2次的「七寶結」。

9. 以1條收繩用繩子打5cm「收繩結」。

10. 多餘的繩子剪齊成30cm長。

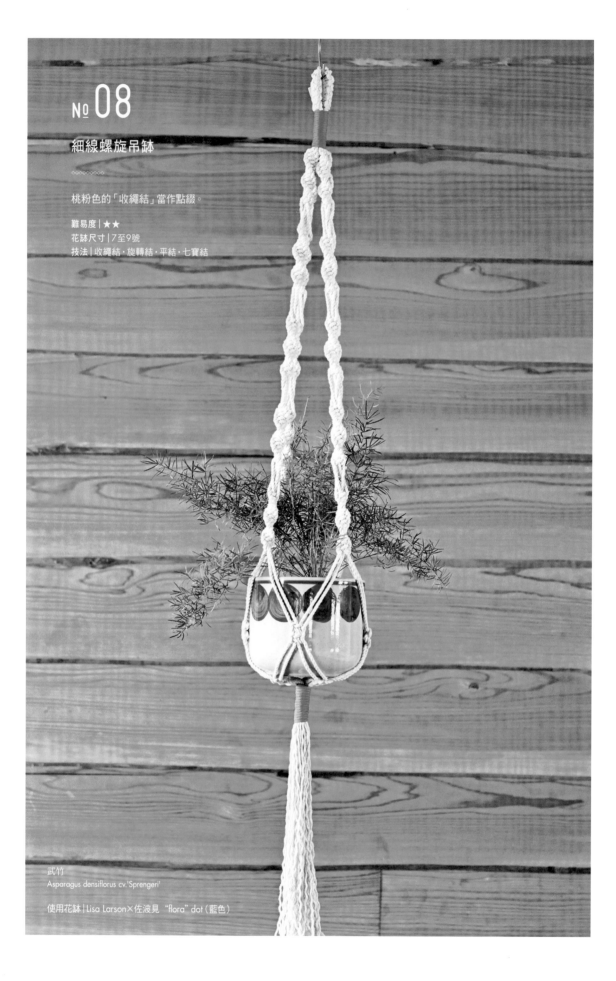

細線螺旋吊缽

◇◇◇◇◇◇◇◇

桃粉色的「收繩結」當作點綴。

難易度|★★
花缽尺寸|7至9號
技法|收繩結・旋轉結・平結・七寶結

武竹
Asparagus densiflorus cv.'Sprengeri'

使用花缽|Lisa Larson×佐波見 "flora" dot（藍色）

HOW TO MAKE

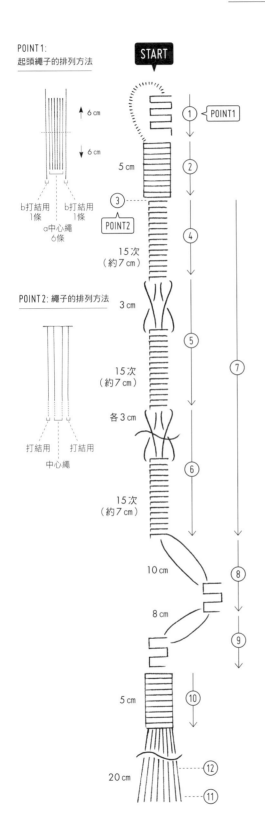

POINT 1:
起頭繩子的排列方法

START

6 cm
6 cm

b打結用
1條   b打結用
1條

a中心繩
6條

POINT 2: 繩子的排列方法

打結用   打結用

中心繩

① POINT1

5 cm

②

③ POINT2

15次
(約7 cm)

④

3 cm

15次
(約7 cm)

⑤

各 3 cm

15次
(約7 cm)

⑥

⑦

10 cm

⑧

8 cm

⑨

5 cm   ⑩

20 cm   ⑫

⑪

※ 圖中的「～」省略了結目和尺寸。

細線螺旋吊鉢

製作時間：
180分鐘

從掛鉤到底鉢的長度：
約80 cm

材料：
Big mizarashi#70
| 430cm×6條…a
| 450cm×2條…b
Outdoor code(1622/桃粉色)
| 100cm×2條…收繩用

STEP

1. a和b繩8條從正中間整齊，
面對兩邊各自打6cm「平結」(P.18)。※參照P.21 **C**

2. 將步驟①對摺，
以1條收繩用繩子打5cm「收繩結」(P.14)。

3. 分出中心繩2條、
打結用2條的4條1組（能分出4組）。

4. 其中1組打15次「旋轉結」(P.17)。

5. 交換中心繩以3cm間隔，打15次「旋轉結」。
※參照P.23 **I**

6. 重複3次步驟⑤。

7. 其餘3組也一樣重複步驟④至⑥

8. 以10cm間隔打「平結」2次的「七寶結」(P.19)。
※參照P.22 **H**

9. 8cm間隔打「平結」2次的「七寶結」。

10. 以1條收繩用繩子打5cm「收繩結」。

11. 多餘的繩子剪齊成20cm長。

12. 撚繩鬆回成線。
※參照P.20 **A**

No 09

平繩變化吊缽

使用和綠意極為搭配的
維他命色的繩結。

難易度 | ★★
花缽尺寸 | 6至8號
技法 | 收繩結・平結・七寶結

鐵線蕨 'Fragrantissimun'
Adiantum raddianum 'Fragrantissimun'

使用花缽 | Lisa Larson×波佐見 "flora" dot flower（藍色）

HOW TO MAKE

POINT 1:
起頭繩子的排列方法

START

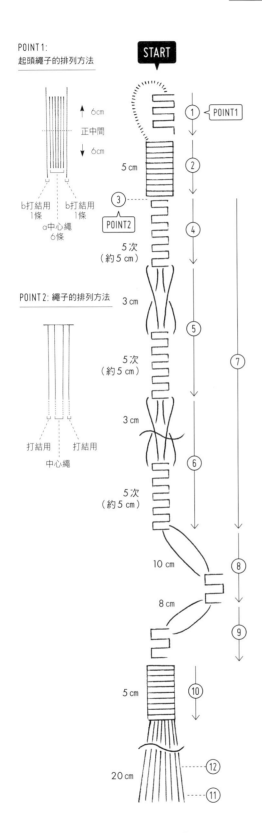

POINT1

① ←[POINT1]

6cm
正中間
6cm

b打結用
1條 | b打結用
1條
a中心繩
6條

②

5 cm

③ ------

[POINT2]

④

5次
（約 5 cm）

POINT 2: 繩子的排列方法

⑤

打結用　打結用
中心繩

3 cm

5次
（約 5 cm）

⑥

3 cm

5次
（約 5 cm）

⑦

10 cm

⑧

8 cm

⑨

5 cm

⑩

20 cm ---- ⑫

---- ⑪

※ 圖中的「～」省略了結目和尺寸。

平繩變化吊缽

製作時間：
180分鐘

從掛鉤到底缽的長度：
約 80 cm

材料：
Big mizarashi#70
　430cm×6條…a
　450cm×2條…b
Outdoor code（1623／橘色）
　100cm×2條…收繩用

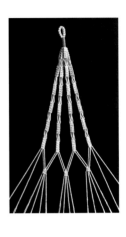

STEP

1. a和b繩8條從正中間整齊，
面對兩邊各自打6cm「平結」（P.18）。※參照P.21 Ⓒ

2. 將步驟①對摺，
以收繩用繩子1條打5cm「收繩結」（P.14）。

3. 分出中心繩2條、
打結用2條的4條1組（能分出4組）。

4. 其中1組打5次「平結」。

5. 交換中心繩以3cm間隔，打5次「平結」。
※參照P.23 Ⓘ

6. 重複4次步驟⑤

7. 其餘3組也一樣重複步驟④至⑥。

8. 以10cm間隔打「平結」2次的「七寶結」（P.19）。
※參照P.22 Ⓗ

9. 8cm間隔打「平結」2次的「七寶結」。

10. 以1條收繩用繩子打5cm「收繩結」。

11. 多餘的繩子剪齊成20cm長。

12. 撚繩鬆回成線。※參照P.20 Ⓐ

混合技法吊缽

◇◇◇◇◇◇◇◇◇

交錯使用「平結」和「旋轉結」，
作出華麗的吊缽。

難易度|★★
花缽尺寸|7至9號
技法|收繩結·旋轉結·平結·七寶結

花月夜
Echeveria pulidonis

使用花缽|Lisa Larson×波佐見 "flora" big flower（藍色）

HOW TO MAKE

POINT 1:
起頭繩子的排列方法

↑ 6cm
正中間
↓ 6cm

b打結用
1條 ┊ b打結用
1條

a中心繩
4本

POINT 2: 繩子的排列方法

打結用 ┊ 打結用

中心繩

START

① ◁ POINT1

② 5cm

POINT2

③

④ 5次
（約5cm）

⑤ 3cm

10次
（約5cm）

3cm

⑥ 5次
（約5cm）

3cm

⑦ 10次
（約5cm）

⑧

10cm

⑨

8cm

⑩

⑪ 5cm

30cm ┄┄ ⑬

┄┄ ⑫

※ 圖中的「～」省略了結目和尺寸。

混合技法吊缽

製作時間：
200分鐘

從掛鉤到底缽的長度：
約100cm

材料：
Big mizarashi#70
┌ 520cm×4條…a
└ 550cm×2條…b
Outdoor code(1629/藍色)
┊ 100cm×2條…收繩用

STEP

1. a和b繩6條從正中間整齊，
面對兩邊各自打6cm「平結」（P.18）。※參照P.21 **C**

2. 將步驟①對摺，
以收繩用繩子1條打5cm「收繩結」（P.14）。

3. 分出中心繩2條、打結用2條的4條1組（能分出3組）。

4. 其中1組打5次「平結」。

5. 交換中心繩以3cm間隔，打10次「旋轉結」（P.17）。
※參照P.23 **I**

6. 交換中心繩以3cm間隔，打5次「平結」。

7. 重複2次步驟⑤至⑥。
接著重複1次步驟⑤。

8. 其餘2組也一樣重複步驟④至⑦。

9. 以10cm間隔打「平結」2次的「七寶結」（P.19）。
※參照P.22 **H**

10. 8cm間隔打「平結」2次的「七寶結」。

11. 收繩用繩子1條打5cm「收繩結」。

12. 多餘的繩子剪齊成30cm長。

13. 撚繩鬆回成線。※參照P.20 **A**

№ 11

螺旋迷你吊缽

適合小空間的小形吊缽。

難易度 | ★★
花缽尺寸 | 3至5號
技法 | 收繩結‧旋轉結‧平結‧七寶結

HOW TO MAKE

POINT1:
起頭繩子的排列方法

START

↑ 4cm
正中間
↓ 4cm

a
b   b

b打結用   b打結用
1條   1條
中心繩
6條

① — POINT1
3.5 cm
②
③ — POINT2

POINT 2: 繩子的排列方法

b打結用   b打結用
a中心繩

30 cm

④   ⑤

8 cm

6 cm

⑥
↓
⑦
↓

3.5 cm   ⑧

15 cm   ⑨

※ 圖中的「～」省略了結目和尺寸。

螺旋迷你吊缽

製作時間：
180分鐘

從掛鉤到底缽的長度：
約53cm

材料：
HEMP TWINE 中 type
(361/pure)
│ 180cm×4條…a
│ 400cm×4條…b
│ 70cm×2條…收繩用

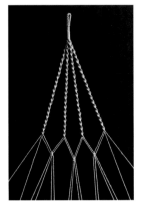

STEP

1. a和b繩8條從正中間整齊，左右的b繩各1條作結用，
面對兩邊各自打4cm「平結」。※參照P.21 **C**

2. 將步驟①對摺，
以收繩用繩子1條打3.5cm「收繩結」(P.14)。

3. 分出中心繩(a)2條、
打結用(b)2條的4條1組(能分出4組)。

4. 其中1組打30cmm「旋轉結」。

5. 其餘3組也一樣重複步驟④。

6. 以8cm間隔打「平結」2次的「七寶結」(P.19)。
※參照P.22 **H**

7. 6cm間隔打「平結」2次的「七寶結」。

8. 收繩用繩子1條打3.5cm「收繩結」。

9. 多餘的繩子剪齊成15cm長。

金鈕
Disocactus flageliformis

使用花缽｜Izawa pot S 黑

№ 12

平繩迷你吊缽

打滿「平結」的線條
看起來非常帥氣！

難易度｜★★
花缽尺寸｜3至5號
技法｜收繩結・平結・老寶結

HOW TO MAKE

POINT1:
起頭繩子的排列方法

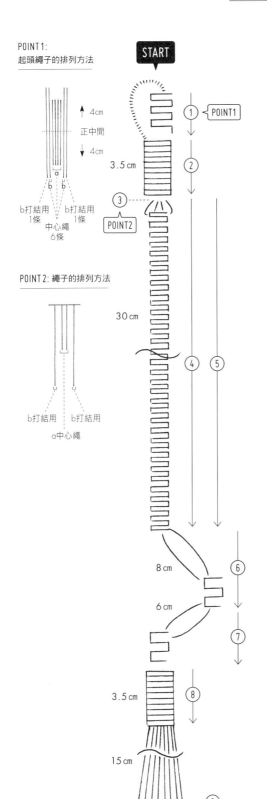

↕ 4cm
正中間
↕ 4cm

b打結用
1條
b打結用
1條
中心繩
6條

3.5 cm

POINT2

POINT 2: 繩子的排列方法

b打結用 b打結用

a中心繩

30 cm

8 cm

6 cm

3.5 cm

15 cm

※ 圖中的「～」省略了結目和尺寸。

平繩迷你吊缽

製作時間:
180分鐘

從掛鉤到底缽的長度:
約53 cm

材料:
HEMP TWINE 中type
(361/pure)
180cm×4條…a
400cm×4條…b
70cm×2條…收繩用

STEP

1. a和b繩8條從正中間整齊,左右的b繩各1條作打結用,面對兩邊各自打4cm「平結」(P.14)。※參照P.21 ⓒ

2. 將步驟①對摺,以收繩用繩子1條打3.5cm「收繩結」(P.14)。

3. 分出中心繩(a)2條、打結用(b)2條的4條1組(能分出4組)。

4. 其中1組打30cm的「平結」。

5. 其餘3組也一樣重複步驟④。

6. 以8cm間隔打「平結」2次的「七寶結」(P.19)。※參照P.22 ⓗ

7. 6cm間隔打「平結」2次的「七寶結」。

8. 收繩用繩子1條打3.5cm「收繩結」。

9. 多餘的繩子剪齊成15cm長。

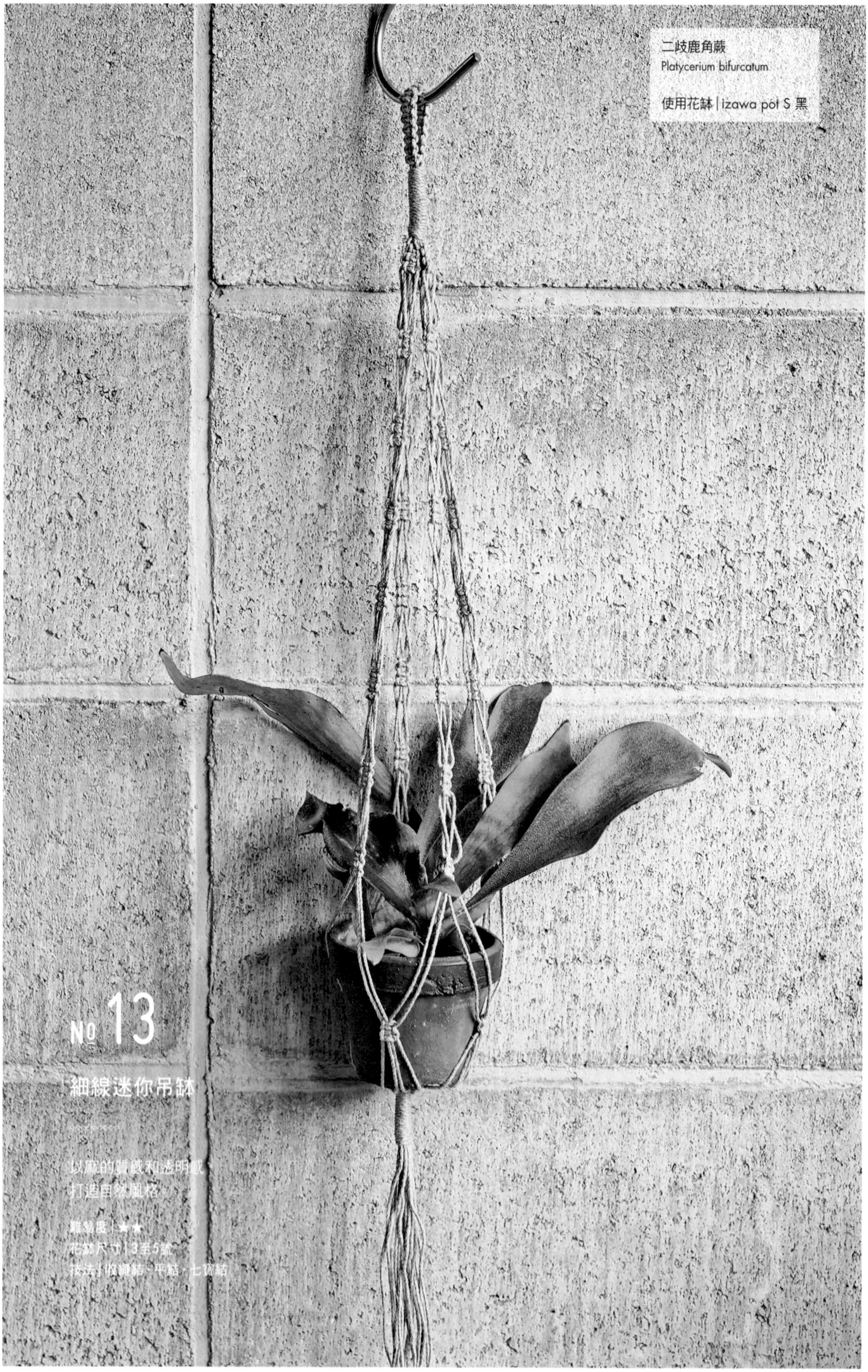

二岐鹿角蕨
Platycerium bifurcatum

使用花缽｜izawa pot S 黑

No 13

細線迷你吊缽

以麻的質感和透明感
打造自然風格。

難易度｜★★
花缽尺寸｜3至5號
技法｜收繩結・平結・七寶結

HOW TO MAKE

START

POINT1:
起頭繩子的排列方法

3.5 cm

① → POINT1

② → POINT2

③

3次

④

3 cm

⑤

3次

↑ 4cm
--- 正中間
↓ 4cm

打結用1
條　　打結用1
條

中心繩
6條

POINT2: 繩子的排列方法

打結用　　打結用

中心繩

⑥
⑦

★
8 cm
6 cm

⑧

⑨

3.5 cm

⑩

15 cm

⑪

⑥

⑦

※ 圖中的★記號部分重複。

細線迷你吊缽

製作時間：
150分鐘

從掛鈎到底缽的長度：
約53 cm

材料：
HEMP TWINE 中type
(361/pure)
　300cm×8 條
　70cm×2 條…收繩用

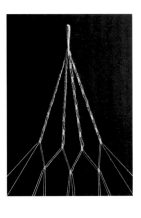

STEP

1. 繩子8條從正中間整齊，
面對兩邊各自打4cm「平結」。※參照P.21 **C**

2. 將步驟①對摺，
以收繩用繩子1條打3.5cm「收繩結」(P.14)。

3. 分出中心繩2條、
打結用2條的4條1組 (能分出4組)。

4. 其中1組打3次「平結」。

5. 交換中心繩以3cm間隔，打3次「平結」。
※參照P.23 **I**

6. 步驟⑤重複6次。

7. 其餘3組也一樣重複步驟④至⑥。

8. 以8cm間隔打「平結」2次的「七寶結」(P.19)。
※參照P.22 **H**

9. 以6cm間隔打「平結」2次的「七寶結」。

10. 收繩用繩子1條打3.5cm「收繩結」。

11. 多餘的繩子剪齊成15cm長。

№ 14

混合技法迷你吊缽

以「旋轉結」和「平結」的
組合表現出立體感。

難易度 | ★★
花缽尺寸 | 3至5號
技法 | 收穗結·旋轉結·平結·七寶結

HOW TO MAKE

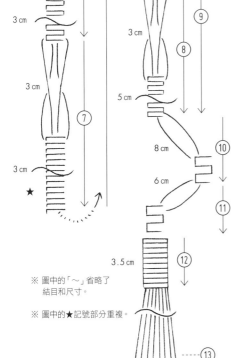

START

POINT 1:
起頭繩子的排列方法

① POINT1

3.5 cm ② POINT2

③

3 cm ④

3 cm ⑤

3 cm ⑥

3 cm ⑨

3 cm ⑥

3 cm ⑤

3 cm ⑥

3 cm ⑦

3 cm

★

※ 圖中的「～」省略了
結目和尺寸。

※ 圖中的★記號部分重複。

3.5 cm ⑫

★ ⑦

3 cm ⑨

⑧

5 cm

8 cm ⑩

6 cm ⑪

⑫

⑬

↕ 4cm
正中間
↕ 4cm

中心繩   中心繩
1條   1條
打結用
6條

POINT 2: 繩子的排列方法

打結用   打結用
中心繩

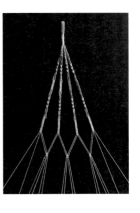

混合技法迷你吊缽

製作時間：
150分鐘

從掛鉤到底缽的長度：
約53cm

材料：
HEMP TWINE中type
（361/pure）
├ 350cmx8條
└ 70cmx2條…收繩用

STEP

1. 繩子8條從正中間整齊，
面對兩邊各自打4cm「平結」。※參照P.21 ●

2. 將步驟①對摺，
以收繩用繩子1條打3.5cm「收繩結」（P.14）。

3. 分出中心繩2條、
打結用2條的4條1組（能分出4組）。

4. 其中1組打30cmm「平結」。

5. 交換中心繩以3cm間隔，打3cm「旋轉結」（P.17）。
※參照P.23 ●

6. 交換中心繩以3cm間隔，
打3cm「平結」。

7. 交換中心繩以3cm間隔，
打3cm「旋轉結」。

8. 交換中心繩以3cm間隔，
打5cm「平結」。

9. 其餘3組也一樣重複步驟④至⑤。

10. 以8cm間隔打「平結」2次的「七寶結」（P.19）。
※參照P.22 ●

11. 6cm間隔打「平結」2次的「七寶結」。

12. 收繩用繩子1條打3.5cm「收繩結」。

13. 多餘的繩子剪齊成15cm長。

橄欖螺旋吊缽

活用素材的苧麻，
作出有著休閒氛圍的吊缽。

難易度 | ★★★
花缽尺寸 | 3至5號
技法 | 收繩結・旋轉結・平結・七寶結

飄逸鐵線蕨
Adiantum raddianum 'Fritz Luth'

HOW TO MAKE

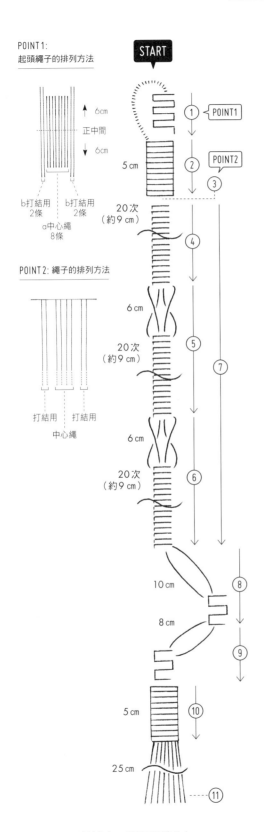

POINT1:
起頭繩子的排列方法

6cm
正中間
6cm

b打結用
2條   b打結用
       2條
a中心繩
8條

POINT 2: 繩子的排列方法

打結用   打結用
   中心繩

※ 圖中的「～」省略了結目和尺寸。

START

① POINT1
② POINT2
③
5 cm
20次
(約9cm)
④
6 cm
20次
(約9cm)
⑤
6 cm
20次
(約9cm)
⑥
⑦
10 cm
8 cm
⑧
⑨
5 cm
⑩
25 cm
⑪

橄欖螺旋吊鉢

製作時間：
200分鐘

從掛鈎到底鉢的長度：
約90cm

材料：
JUTE RAMIE
(534/x橄欖綠)
550cm×8條…a
600cm×4條…b
100cm×2條…收繩用

STEP

1. a和b繩12條從正中間整齊，
面對兩邊各自打6cm「平結」(P.18)。※參照P.21 ⓒ

2. 將步驟①對摺，
以收繩用繩子1條打5cm「收繩結」(P.14)。

3. 之後由於除收繩結以外皆為2條一組打結，分成中心繩
4條、打結用左右各2條的8條1組(能分出3組)。

4. 其中1組以6cm間隔打20次「旋轉結」(P.17)。

5. 交換中心繩以6cm間隔，打20次「旋轉結」。
※參照P.23 ⑩

6. 重複2次步驟⑤。

7. 其餘2組也一樣重複步驟④至⑤。

8. 以10cm間隔打「平結」2次的「七寶結」(P.19)。
※參照P.22 ⑪

9. 8cm間隔打「平結」2次的「七寶結」。

10. 收繩用繩子1條打5cm「收繩結」。

11. 多餘的繩子剪齊成25cm長。

綠色混合技法吊缽

◇◇◇◇◇◇◇◇

拉長尺寸，
即使有點高度的植物也OK！

難易度│★★★
花缽尺寸│7至9號
技法│收繩結・旋轉結・平結・七寶結

裂葉鵝掌藤
Schefflera arboricola 'Renata'

使用花缽│izawa pot M 黃

HOW TO MAKE

POINT 1:
起頭繩子的排列方法

↑ 6cm
正中間
↓ 6cm

b打結用
2條　　b打結用
　　　2條
a中心繩
8條

POINT 2: 繩子的排列方法

打結用　　打結用
中心繩

START

① POINT1
②　POINT2
③
5cm

10次
（約9cm）　④

7cm

20次　⑤

7cm

10次
（約9cm）　⑥

7cm

⑧

20次

⑦

7cm

10次
（約9cm）

10 cm　⑨

8 cm

⑩

5 cm　⑪

30 cm

⑫

※ 圖中的「～」省略了結目和尺寸。

綠色混合技法吊缽

製作時間：
200分鐘

從掛鉤到底缽的長度：
約105cm

材料：
JUTE RAMIE
（535／綠調黃）
　600cm×8條…a
　650cm×4條…b
　100cm×2條…收繩用

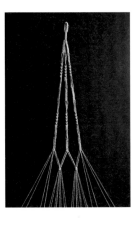

STEP

1. a和b繩12條從正中間整齊，面對兩邊各自左右2條打6cm「平結」（P.18）。※參照P.21 ⓒ

2. 將步驟①對摺，以收繩用繩子1條打5cm「收繩結」（P.14）。

3. 之後由於除收繩結以外皆為2條一組打結，分成中心繩4條、打結用左右各2條的8條1組（能分出3組）。

4. 其中1組打10次「平結」。

5. 交換中心繩以7cm間隔，打20次「旋轉結」。※參照P.23 ❶

6. 交換中心繩以7cm間隔，打10次「平結」。

7. 重複1次步驟⑤至⑥。

8. 其餘2組也一樣重複步驟④至⑦。

9. 以10cm間隔打「平結」2次的「七寶結」（P.19）。※參照P.22 ❶

10. 8cm間隔打「平結」2次的「七寶結」。

11. 收繩用繩子1條打5cm「收繩結」。

12. 多餘的繩子剪齊成25cm長。

螺旋&四股圓柱編吊缽

堅固的作法
有著安定感的平衡

難易度｜★★★★
花缽尺寸｜6至8號
技法｜收繩結・旋轉結・四股圓柱編・七寶結

斷葉球蘭
Hoya retusa

使用花缽｜Marble pot

HOW TO MAKE

POINT 1:
起頭繩子的排列方法

| 4條 | 4條 | 4條 | 4條 |

※ ab分法可隨意。

START

5cm

17cm

③ → POINT1

④ → POINT2

POINT 2: 繩子的排列方法

b打結用
1條   b打結用
       1條

a中心繩
2條

25cm

10cm

8cm

5cm

20cm

⑤ ⑥ ⑦ ⑧ ⑨ ⑩ ⑪

※ 圖中的「～」省略了結目和尺寸。

螺旋&四股圓柱編吊缽

製作時間：
240分鐘

從掛鉤到底缽的長度：
約85cm

材料：
黃麻繩·細（382／白色）
| 500cm×4條…a
| 680cm×4條…b
| 100cm×2條…收繩用
金屬環內徑5cm
（MA2307）1個

STEP

1. a和b繩8條從正中間對摺，穿過金屬環。
※參照P.20 **Ⓑ**

2. 以收繩用繩子1條打5cm「收繩結」（P.14）。

3. 取4條繩打17cm的「四股圓柱編」（P.18）。

4. 分成中心繩（a）2條、
打結用（b）2條的4條1組（能分出4組）。

5. 其中1組以5cm間隔打25cm的「旋轉結」（P.17）。

6. 剩下3組也一樣重複步驟⑤。

7. 以10cm間隔，打「平結」3次的「七寶結」（P.19）。
※參照P.22 **Ⓗ**

8. 8cm間隔打「平結」3次的「七寶結」。

9. 收繩用繩子1條打5cm「收繩結」。

10. 多餘的繩子剪齊成20cm長。

11. 撚繩鬆回成線。
※參照P.20 **Ⓐ**

平繩&四股圓柱編吊缽

中間圓柱形般的結目
為裝飾的重點。

難易度｜★★★★
花缽尺寸｜7至9號
技法｜收繩結・平結・四股圓柱編・七寶結

寬葉虎尾蘭
Sansevieria masoniana

HOW TO MAKE

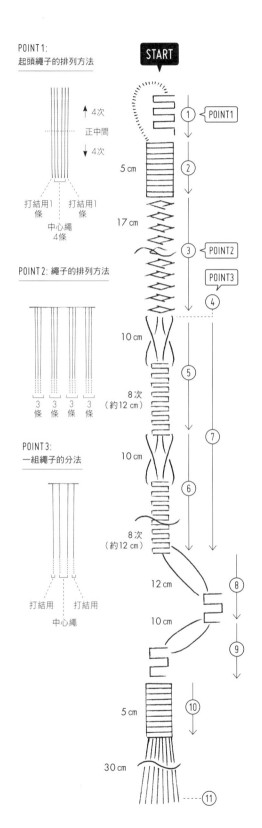

POINT1:
起頭繩子的排列方法

↑4次
正中間
↓4次

5cm

打結用1
條　打結用1
條
中心繩
4條

POINT2: 繩子的排列方法

3
條　3
條　3
條　3
條

8次
(約12cm)

POINT3:
一組繩子的分法

打結用　打結用
中心繩

START

① POINT1

② 5cm

17cm

③ POINT2

POINT3

④

10cm

⑤

8次
(約12cm)

10cm

⑥

8次
(約12cm)

⑦

12cm

⑧

10cm

⑨

5cm

⑩

30cm

⑪

平繩&四股圓柱編吊缽

製作時間：
240分鐘

從掛鈎到底缽的長度：
約115cm

材料：
黃麻繩・細(391/原色)
│750cm×6條
│100cm×2條…收繩用

STEP

1. 繩子6條從正中間整齊，
面對兩邊各自打6cm「平結」(P.18)。※參照P.21 **C**

2. 將步驟①對摺，
以收繩用繩子1條打5cm「收繩結」(P.14)。

3. 以3條繩子打17cm「四股圓柱編」(P.18)。

4. 分出中心繩2條、
打結用2條的4條1組(能分出3組)。

5. 其中一組交換中心繩以10cm間隔，
打8次「平結」(P.17)。※參照P.23 **❶**

6. 重複2次步驟⑤。

7. 其餘2組也一樣重複步驟⑤至⑥。

8. 以12cm間隔打「平結」2次的「七寶結」(P.19)。
※參照P.22 **H**

9. 10cm間隔打「平結」2次的「七寶結」。

10. 收繩用繩子1條打5cm「收繩結」。

11. 多餘的繩子剪齊成30cm長。

※ 圖中的「～」省略了結目和尺寸。

平繩純白吊缽

◇◇◇◇◇◇◇◇◇◇

以白色棉繩作優雅的「七寶結」。

難易度｜★★★★
花缽尺寸｜6至8號
技法｜收繩結・平結・七寶結

紅筆鳳梨 'Strawberry'
Billbergia 'Strawberry'

使用花缽｜Rim pot M

POINT：繩子的排列方法

START

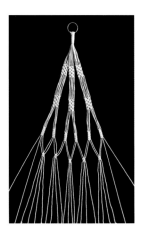

打結用1條　打結用1條

中心繩2條

※ 圖中的「～」省略了結目和尺寸。

平繩純白吊缽

製作時間：
200分鐘

從掛鈎到底缽的長度：
約80cm

材料：
棉繩‧Soft 3（272／白色）
｜350cmx12條
｜120cmx2條...收繩用
金屬環內徑5cm
（MA2307）1個

STEP

1. 繩子12條從正中間對摺，穿過金屬環。
※參照P.20 **B**

2. 以收繩用繩子1條打5cm「收繩結」（P.14）。

3. 分出中心繩2條、
打結用2條的4條1組（能分出6組）。

4. 其中2組，以12cm間隔打7段「平結」1次的「七寶結」
（P.19）。此時兩端的2條邊交換中心繩來打結。
※參照P.23 **J**

5. 再次分出中心繩2條、
打結用2條的4條1組（能分出2組）。

6. 交換中心繩，以12cm間隔打7段「平結」1次的「七寶
結」（P.19）。此時兩端的2條邊交換中心繩來打結。

7. 再次分出中心繩2條、
打結用2條的4條1組（能分出2組）。

8. 其中1組，交換中心繩以12cm間隔，
打5次「平結」。另一組也一樣打法。

9. 其餘4組也一樣重複步驟④至⑧。

10. 以10cm間隔打「平結」2次的「七寶結」（P.19）。
※參照P.22 **H**

11. 8cm間隔打「平結」2次的「七寶結」。

12. 收繩用繩子1條打5cm「收繩結」。

13. 多餘的繩子剪齊成25cm長。

房形吊缽

ᐩᐩᐩᐩᐩᐩᐩ

稍微加上像房子般的裝飾
就完成了！

難易度｜★★★★
花缽尺寸｜7至9號
技法｜收繩結·旋轉結·平結·
七寶結·捲結

松葉蕨
Hatiola salicornioides

HOW TO MAKE

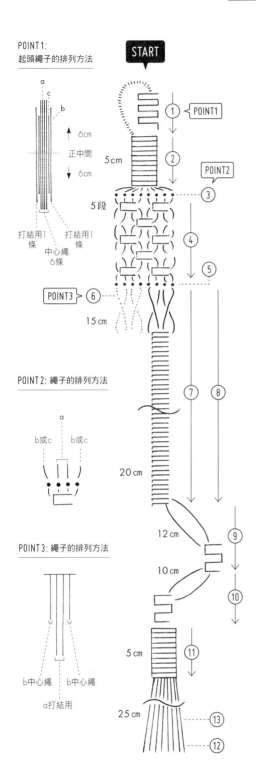

POINT1:
起頭繩子的排列方法

POINT2: 繩子的排列方法

POINT3: 繩子的排列方法

※ 圖中的「～」省略了結目和尺寸。

房形吊缽

製作時間：
240分鐘

從掛鉤到底缽的長度：
約80cm

材料：
Big mizarashi#40
　460cm×4條…a
　380cm×2條…b
　330cm×2條…c
　100cm×2條…收繩用
金屬吊環 3cm
（MA2302）2個

STEP

1. a和b繩8條從正中間整齊，左右的b繩各1條作打結用，面對兩邊各自打6cm「平結」（P.18）。※參照P.21 **C**

2. 將步驟①對摺，以收繩用繩子1條打5cm「收繩結」（P.14）。

3. 繩子按照圖示順序配置，在金屬環上打「捲結」。※參照P.21 **F**

4. 打5段1次「平結」的「七寶結」（P.19）。

5. 在金屬吊環上打捲結。

6. 分出b或c的中心繩2條、a的打結用2條的4條1組（能分出4組）。

7. 其中1組，交換中心繩以15cm間隔，打20cm「旋轉結」（P.17）。※參照P.23 **I**

8. 其餘3組也一樣重複步驟⑦。

9. 以12cm間隔打「平結」2次的「七寶結」（P.19）。※參照P.22 **H**

10. 10cm間隔打「平結」2次的「七寶結」。

11. 收繩用繩子1條打5cm「收繩結」。

12. 多餘的繩子剪齊成25cm長。

13. 撚繩鬆回成線。※參照P.20 **A**

腎蕨（獅子葉）
Nephrolepis

雙層平繩吊缽

吊掛在高處的
雙層吊缽。

難易度｜★★★★
花缽尺寸｜（上）6至8號／
（下）7至9號
技法｜收繩結・平結・七寶結

HOW TO MAKE

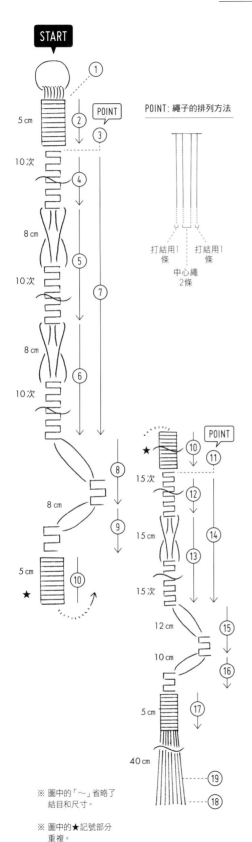

START

① 5cm

② ③

POINT

10次

④

8cm

⑤

10次

⑦

8cm

⑥

10次

⑧

8cm

⑨

5cm

⑩

★

POINT：繩子的排列方法

打結用1條　打結用1條
中心繩2條

POINT

★ ⑩ ⑪

15次

⑫

15cm

⑬

15cm

⑭

15次

15cm

12cm

⑮

10cm

⑯

5cm

⑰

40cm

⑲

⑱

※ 圖中的「～」省略了結目和尺寸。

※ 圖中的★記號部分重複。

雙層平繩吊缽

製作時間：
300分鐘

從掛鉤到底缽的長度：
約155cm

材料：
黃麻繩‧粗（392／白色）
├ 700cm×8條
└ 100cm×3條…收繩用
金屬環內徑5cm
（MA2307）1個

STEP

1. 繩子8條從正中間對摺，穿過金屬環。
※參照P.20 **B**

2. 以收繩用繩子1條打5cm「收繩結」（P.14）。

3. 分出中心繩2條、打結用2條的4條1組（能分出4組）。

4. 其中1組打10次「平結」（P.18）。

5. 交換中心繩以8cm間隔，打10次「平結」。※參照P.23 **I**

6. 重複1次步驟⑤。

7. 其餘3組也一樣重複步驟④至⑥。

8. 以10cm間隔打「平結」2次的「七寶結」（P.19）。
※參照P.22 **H**

9. 8cm間隔打「平結」2次的「七寶結」。

10. 收繩用繩子1條打5cm「收繩結」。

11. 再次分出中心繩2條、打結用2條的4條1組（分出4組）。

12. 其中1組打15次「平結」。

13. 交換中心繩以15cm間隔，打15次「平結」。

14. 其餘3組也一樣重複步驟　至　。

15. 以12cm間隔打「平結」2次的「七寶結」（P.19）。
※參照P.22 H

16. 10cm間隔打「平結」2次的「七寶結」。

17. 收繩用繩子1條打5cm「收繩結」。

18. 多餘的繩子剪齊成40cm長。

19. 撚繩鬆回成線。※參照P.20 **A**

雙平繩吊缽

黃麻樸素的質感，
正適合簡單的結目。

難易度｜★★★★★
花缽尺寸｜8至10號
技法｜收繩結・平結・七寶結

Huperzia goebelii

HOW TO MAKE

POINT1:
起頭繩子的排列方法

c a c
b b
↑ 6 cm
正中間
↓ 6 cm

打結用
1條   打結用
      1條
中心繩
10條

START

① → POINT1
↓
5cm ② → POINT2
③

7次
④
⑤
★   ★
3 cm
⑥
3次   ⑩
3 cm
⑨
⑦
7次
⑧ → POINT2

POINT 2: 繩子的排列方法

18 cm   ⑪

15 cm

⑫

★ b a b ★
c 中 c
心
繩

5cm   ⑬
30 cm
⑮
⑭

※ 圖中的「〜」省略了結目和尺寸。

※ b的繩子作中心繩也當作打結用。

雙平繩吊缽

製作時間：
300分鐘

從掛鉤到底缽的長度：
約110cm

材料：
黃麻繩・粗
（391/原色）
300cm×4條…a
450cm×4條…b
700cm×4條…c
100cm×2條…收繩用

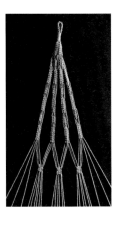

STEP

1. a和b繩8條從正中間整齊，左右的b繩各1條作打結用，面對兩邊各自打6cm「平結」（P.18）。※參照P.21 🅒

2. 將步驟①對摺，以收繩用繩子1條打5cm「收繩結」（P.14）。

3. 分出中心繩2條、打結用左右各2條的6條1組（能分出4組）。

4. 其中1組打7次「平結」（這時用的中心繩為a和b的4條）。

5. 暫時不用外側打結用左右各1條（★）繩子。

6. 以b的打結用繩2條和a的中心繩2條，空3cm的間隔打3次「平結」。

7. 空出3cm間隔。

8. a和b的4條作中心繩，兩側各1條的c（★）作打結用，打7次平結。

9. 重複2次步驟⑤至⑧。

10. 其餘3組也一樣重複步驟④至⑨。

11. 以18cm間隔，將2條繩子打「平結」2次的「七寶結」（P.19）。※參照P.22 🅗

12. 以15cm間隔，將2條繩子打「平結」2次的「七寶結」。

13. 收繩用繩子1條打5cm「收繩結」。

14. 多餘的繩子剪齊成30cm長。

15. 撚繩鬆回成線。※參照P.20 🅐

ARRANGE 01

瓶狀吊缽

◇◇◇◇◇◇◇◇◇

使用「七寶結」技法，
一眨眼就能作出筒狀。

難易度｜★★★
花缽尺寸｜紅酒瓶
技法｜收繩結・平結・七寶結

旋風木柄鳳
Tillandsia flexuosa vivipara

使用花瓶｜studio prepa

HOW TO MAKE

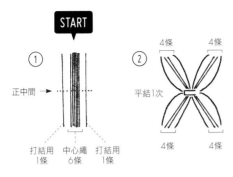

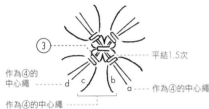

瓶狀吊缽

製作時間：
180分鐘

從掛鉤到底缽的長度：
約50cm

材料：
natural filber kenya rope（1186）
l 180cm×8條 100cm×1條…收繩用
※Kenya rope以噴霧器噴濕較容易打結。

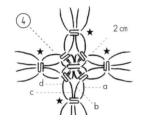

STEP

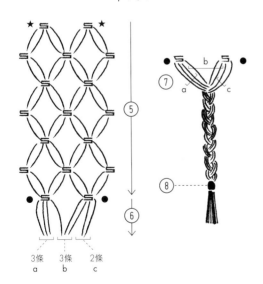

1. 6條當作中心繩，
左右各1條作打結用。

2. 正中間打1次「平結」（P.18），各分成4條。
內側2條作中心繩，左右各1條打結用。

3. 其中1組打1.5次「平結」。
（P.16「平結」的步驟1→2→3→4→1→2）。
剩下3組也同樣作法打結。

4. 以2cm的間隔，
打1段1.5次「平結」的「七寶結」（P.19）。

5. 4cm的間隔，
打6段1.5次「平結」的「七寶結」。

6. 多餘的繩端分成3條、3條、2條，
作成1組（還能再分1組）。

7. 以⑥的1組作12cm的「三股編」（P.16）。

8. 以膠帶暫時固定
讓「三股編」不要鬆開。

9. 重複步驟⑥至⑧，
另1組也作三股編，暫時固定。

10. 暫時固定完成後將左右對接，
重疊部分以收繩用繩打3cm「收繩」（P.14）。
剪掉繩子末端。

※ 圖中的★和●的記號為表示相同位置。

ARRANGE 02

圈環吊缽

◇◇◇◇◇◇◇◇◇

結目間加上圈圈，
作出可以勾掛的設計。

難易度│★★★★
技法│收繩結·斜捲結·平結

小精靈
Tillandsia ionantha

HOW TO MAKE

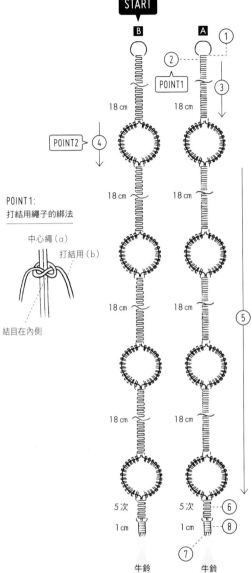

POINT 1:
打結用繩子的綁法

中心繩（a）
打結用（b）
結目在內側

圈環吊缽

製作時間：
一條約150分鐘

圈環到牛鈴的長度：
約115cm

材料：（2本分）
壓克力線4×4（401/原色）
│ 250cm×2條…a 16m×2條…b
│ 30cm×2條…收繩用
木環外徑4.4cm（MA2260/白木）2個
玳瑁環外徑5cm（MA2175）8個
牛鈴（MA2311）2個

STEP

1. a繩從正中間對摺，穿過木環。
※參照P.21 Ⓓ

2. 在a的中心繩按圖示打結上對摺的b的打結用繩，
結目在內側。

3. Ⓐ 中心繩2條，打結用繩2條打18cm
「旋轉結」（P.17）。Ⓑ 中心繩2條，
打結用繩2條打18cm「平結」（P.18）

4. 沿著玳瑁環左右的2條中心繩當作芯，
分別打14次「斜捲結」（P.16-17）。

5. 重複步驟③至④。

6. 打5次「平結」。

7. 其餘4條穿過牛鈴，往上回摺1cm。

8. 以收繩用繩，結合步驟⑦摺疊的繩子打1cm左右的「收
繩結」（P.14）。剩餘的線以剪刀剪除。

POINT 2: 斜捲結的作法

1. 中心繩沿著牛鈴左右
   邊穿繞。

2. 將步驟①作中心繩，
   打結用繩左右各打14
   次的「斜捲結」。此時
   右側打「右斜捲結」，
   左側打「左斜捲結」。

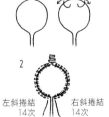

左斜捲結　　　右斜捲結
14次　　　　　14次

ARRANGE 03

七寶吊缽

以面狀的結目作出
柔軟包覆的形狀。

難易度│★★★★
花缽尺寸│4至5號
技法│收繩結・平結・七寶結

鹿角蕨
Platycerium bifurcatum

HOW TO MAKE

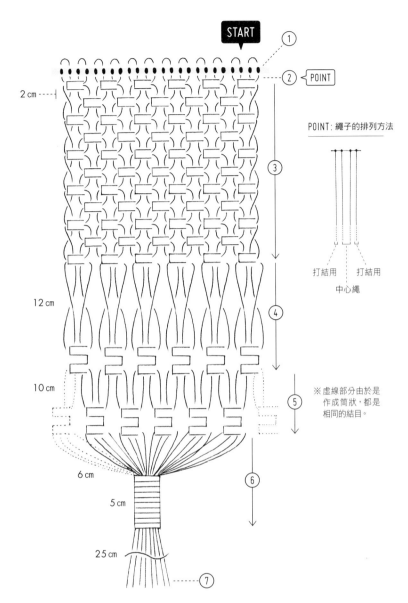

START

① ②← POINT

2 cm

③

④

⑤

⑥

12 cm

10 cm

6 cm

5 cm

25 cm

⑦

POINT：繩子的排列方法

打結用　　打結用
　　中心繩

※虛線部分由於是
　作成筒狀，都是
　相同的結目。

七寶吊缽

製作時間：
200分鐘

從吊把到底缽的長度：
約60cm

材料：
棉繩・Soft 3
（274／淺綠色）
｜260cm×12條
｜120cm×1條…收繩用
手作吊把（MA2254）
｜25cm×1根

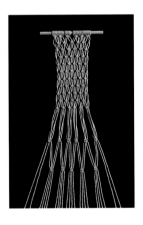

STEP

1. 12條繩子從正中間對摺，綁在吊把上。
※參照P.21 **E**

2. 分成2條中心繩和2條打結用繩分作4條1組（能
分出6組），打1段的「平結」（P.18）1次（能完成
6段）。

3. 以2cm的間隔，作10段「平結」1次的「七寶結」
（P.19）。這時兩端交換中心繩邊打結。※參照
P.23 **J**

4. 交換中心繩以12cm間隔，打2次「平結」。
※參照P.23 **I**

5. 以10cm的間隔，作「平結」2次的「七寶結」。
左右各2條的繩子中表相對打結。
※參照P.22 **H** ⑤至⑥。

6. 以間隔6cm，將收繩用繩子打5cm「收繩結」。

7. 多餘的繩子剪齊成25cm長。

ARRANGE 04

口袋吊缽

⌒⌒⌒⌒⌒⌒⌒

稍微放進多肉植物
和空氣鳳梨等植物。

難易度|★★★★★
技法|收繩結;固定結·單線平結·
平結·七寶結·捲結

右／三色花
Tillandsia tricolor

左／小精靈
Tillandsia ionantha

HOW TO MAKE

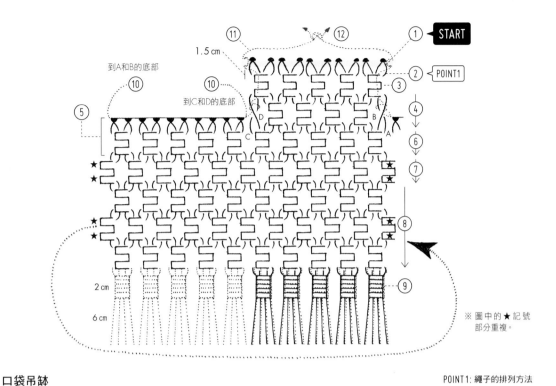

POINT1: 繩子的排列方法

※ 圖中的 ★ 記號
部分重複。

打結用　　打結用

中心繩

口袋吊缽

製作時間：240分鐘　　大小：寬約20cmx長約25cm

材料：
natural filber kenya rope (1186)
150cmx10條…a 120cmx10條…b
100cmx1條…中心繩
50cmx5條…收繩用
小樹枝1支
※ Kenya rope 以噴霧器噴濕較容易打結。

STEP

1. a繩10條從正中間對摺，接在小樹枝上。
※參照P.21 **D**

2. 分出中心繩2條、
打結用2條的4條1組（能分出5組）。

3. 打1段「平結」1次的「平結」（P.18）
（能作出5列）。

4. 以1.5cm間隔打1段「平結」1次的「七寶結」（P.19）（能
作出4列）。左右的A·B·C·D的4條繩子，休繩不作。

5. b繩從正中間對摺，接在100cm中心繩上。※參照P.21
D。翻到反面（綁接的b繩的結目在中心繩的前方）打1
段「平結」1次的「平結」（P.18）（能作出5列）。這時，
中心繩的左右繩要留成同樣長度。

6. 以1.5cm間隔打1段「平結」1次的「七寶結」（P.19）
（能作出5列）。步驟④休繩的A和B，C和D的中心繩交
換。※參照P.23 **J**

7. 口袋部分和主體重疊對合。以1.5cm間隔打1段「平
結」1次的「七寶結」（能作出10列）作出筒狀。

8. 接著，再以1.5cm間隔重複3次「平結」1次的「七寶
結」。

9. 兩面其餘的繩子按列打單結整理，翻到反面再用收
繩用繩打2cm「收繩」（P.14）（5處）。

10. 步驟⑤多的中心繩，按照圖示的紅色虛線將A和B，
C和D繩分別打「固定結」（P.14）。（繩端貼上膠
帶會容易穿過）

11. 繩端穿過第1段的「平結」的結目·捲在小樹枝上。

12. 繩端打「單線平結」（P.15），當作垂繩。

ARRANGE 05

螺旋掛毯吊缽

◇◇◇◇◇◇◇◇◇◇

加線作出細緻的設計。

難易度│★★★★★
花缽尺寸│7至9號
技法│收繩結・固定結・旋轉結・平結・
七寶的旋轉結・七寶結

熊掌木
Fatshedera lizei

使用花缽│izawa pot L 駄温

HOW TO MAKE

START

① ② POINT1 ③ ④ ⑤ ⑦ ⑥ POINT2 ⑧ ⑨ ⑩ ⑪ ⑫ ⑬ ⑭ ⑮ ⑯

ⓐ ⓐ ⓐ ⓐ ⓐ ⓐ
ⓑ ⓑ ⓑ ⓑ
ⓒ ⓓ ⓓ ⓒ
ⓔ ⓔ ⓕ ⓕ ⓕ ⓕ ⓔ ⓔ

10 cm

12 cm

8 cm

8 cm

4 cm

15 cm

⑰

※ 圖中「〜」部分
省略了結目和
尺寸。

⑩至⑬
b·d·f「旋轉結」8次
c·e·g「旋轉結」7次

螺旋掛毯吊鉢

製作時間:
300分鐘

從掛鉤到底鉢的長度:
約80cm

材料:
JUTE RAMIE(537／瑪莉金)
│450cm×16條…a   250cm×16條…b
│100cm×1條…收繩用

小樹枝1支

STEP

1. ⓐ 繩子16條從正中間對摺,取2條接在小樹枝上。
※參照P.21 ⓓ

2. 分出中心繩4條、打結用左右各2條的8條1組(能分出4組)。

3. 取雙線打結用繩打「旋轉結」(P.17)
7次當作1段(能作出4列)。

4. 以雙線打結用繩打「旋轉結」(P.17)7次當作1段。
左右兩端的4條繩子,休繩不作(能作出3列)。

5. 加上步驟④休繩的繩子,打「旋轉結」(P.17)7次當作1段。
(能作出4列)。

6. 重複2次步驟④至⑤。

7. 使用一列正中間的8條繩子,以雙線打「旋轉結」7次的
「七寶結」作1段。

8. ⓑ 的16條繩子取4條,在正中間打「單結」(P.15)
(能作出4組),分別加在圖上的⑧的位置。※參照P.23 ⓚ

9. 步驟⑧加上的4條和結目出來的4條繩子作1組,分成中心繩4
條、打結用左右各2條的8條1組(能分出8組)。

10. 取雙線的打結用繩,ⓐ 的位置打8次「旋轉結」,
ⓑ 的位置打7次「旋轉結」作1段。

11. 兩端的4條繩子休繩,在ⓒ的位置打8次「旋轉結」,
ⓓ的位置打7次「旋轉結」作1段。休繩的繩子不動。

12. 加上步驟 休繩的繩子,ⓔ的位置打8次「旋轉結」,
ⓕ的位置打7次「旋轉結」作1段。

13. 不交換中心繩,以10cm間隔打9次「旋轉結」。

14. 以12cm間隔,打1段「平結」1.5次(P.23「平結」的步驟
「1→2→3→4→1→2」)的「七寶結」。兩端中表相對打結。
※參照P.22 ⓗ 的5至6。(這邊作成筒狀)

15. 以8cm間隔,打1段「平結」1.5次的「七寶結」。

16. 8cm間隔,收繩用繩子1條打4cm「收繩結」(P.14)。

17. 多餘的繩子剪齊15cm長。

POINT1: 繩子的排列方法

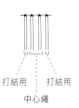

打結用   打結用
中心繩

POINT2: 繩子的排列方法

a b   b a
1組   1組

※ 內側4條當作中心繩。

國家圖書館出版品預行編目資料

打造懸掛式小花園 花草植物吊缽繩結設計／主
婦の友社授權；莊琇雲譯．－二版．－[新北市]
：噴泉文化館出版：悅智文化事業有限公司發
行，2024.07
　　面；　公分．－(綠庭美學；10)
ISBN 978-626-97800-5-1(平裝)

1.CST: 編結 2.CST: 手工藝

426.4　　　　　　　　　113009862

綠庭美學 10
Green garden aesthetics

打造懸掛式小花園
花草植物吊缽繩結設計

授　　　　權／主婦の友社
譯　　　　者／莊琇雲
發　行　人／詹慶和
執 行 編 輯／李佳穎・詹凱雲
編　　　　輯／劉蕙寧・黃璟安・陳姿伶
執 行 美 編／陳麗娜
美 術 編 輯／周盈汝・韓欣恬
出　版　者／噴泉文化館
郵政劃撥帳號／19452608
戶　　　　名／悅智文化事業有限公司
地　　　　址／220新北市板橋區板新路206號3樓
電 子 信 箱／elegant.books@msa.hinet.net
電　　　　話／(02) 8952-4078
傳　　　　真／(02) 8952-4084

2016年9月初版一刷　2024年7月二版　定價420元

MACRAME HANGING
©SHUFUNOTOMO CO., LTD. 2015
Originally published in Japan by Shufunotomo Co., Ltd.
Translation rights arranged with Shufunotomo Co., Ltd.
through Keio Cultural Enterprise Co., Ltd.

經銷／易可數位行銷股份有限公司
地址／新北市新店區寶橋路 235 巷 6 弄 3 號 5 樓
電話／(02)8911-0825
傳真／(02)8911-0801

日本版 STAFF

企劃・作品設計	märchen-art studio
制作協力	日本マクラメ普及協会
	(熊嶋ミチ子、広沢康子、井上美和子、宇佐美悦子
	田中公代、菊地佳代子、藤田サト、早川節子
	堀野敏美、市川良枝、見愛子、猪瀬かよ子
	上田敏子、河原三津恵、野本美智子、浜田早月)
藝術企劃	漆原悠一(tento)
設計	中道陽平(tento)
攝影	(書封・作品・風景) 衛藤キヨコ
	(製作流程・素材) 柴田和宣(主婦の友社)
	三富和幸(DNP メディア・アート)
	(動畫) 花光弘美
造型	前原良一郎、前原宅二郎(ARAHEAM)
插圖	越井隆
校正	森島由紀
攝影協力	許斐絵里
監修	märchen-art studio
編輯	多田千里(主婦の友社 PLUS1 Living編集部)